DE L'ÉDUCATION

DES VERS A SOIE

AU JAPON

Ouvrage traduit du texte japonais de OUEKAKI-MORIKOUNI, par
MERMET DE CACHON, premier interprète de la légation de France au Japon,
reproduit en italien sur la version française par Isidore DELL'ORO,

SUIVI DES

OBSERVATIONS

SUR

La culture du ver à soie au Japon. — La manière de faire la graine d'après le
système japonais, et de distinguer les races annuelles des polivoltines, faites et
recueillies sur les lieux par Isidore DELL'ORO, dédiées en signe de profond
respect, à S. E. M. Léon ROCHES, ministre plénipotentiaire de France au
Japon.

Traduit de l'italien par L.-N. Pécoul,
Professeur au Collège de St-Marcellin.

Prix : 1 franc.

SAINT-MARCELLIN (ISÈRE),

J. VAGNON, IMPRIMEUR-ÉDITEUR.

1866.

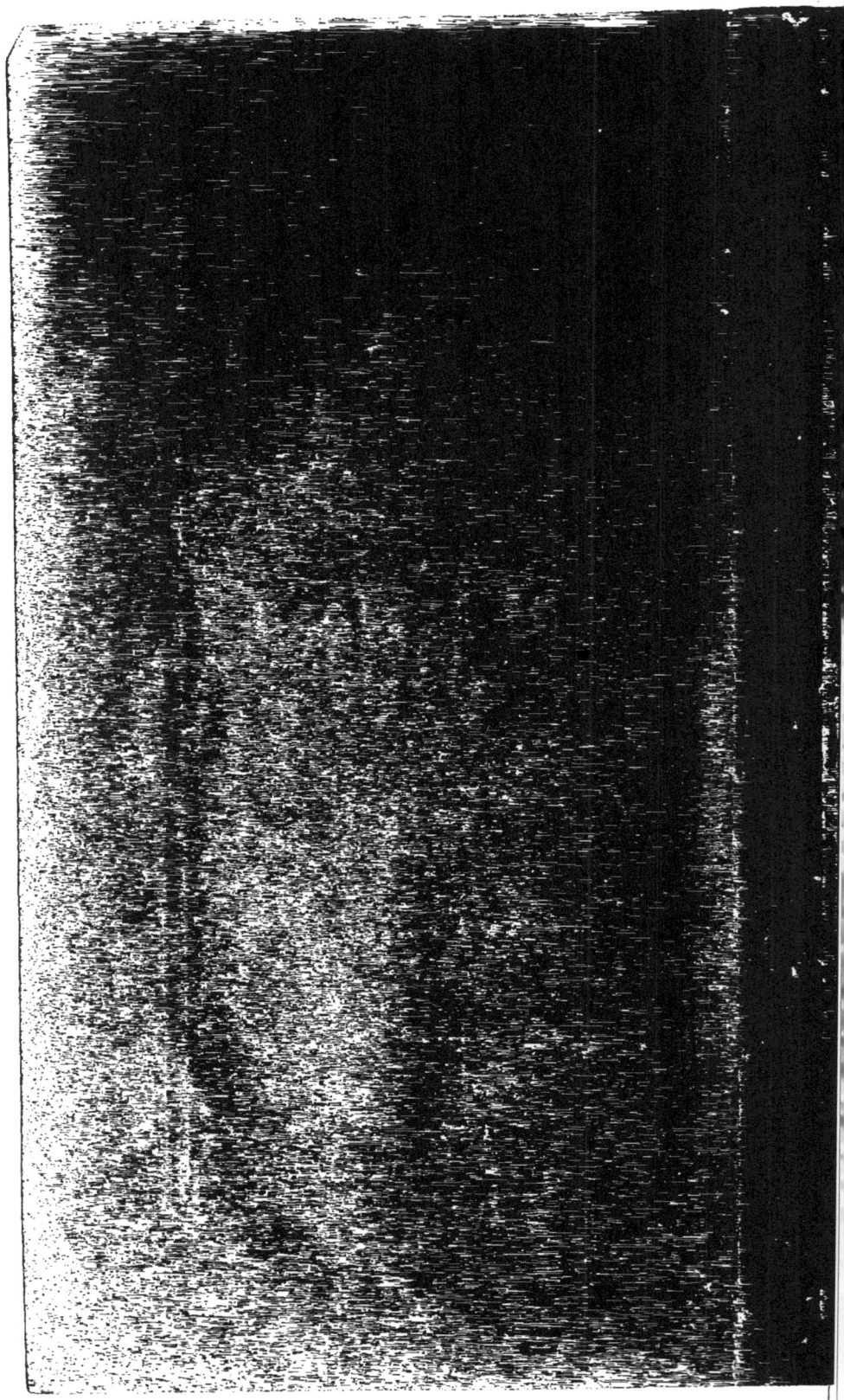

Education des vers à soie au Japon.

Extrait du MÉMORIAL DE SAINT-MARCELLIN, *du 14 avril* 1866.

La parfaite réussite des cartons de graines de vers à soie, élevés en France l'année dernière, rend tout-à-fait intéressante et utile la publication d'un *livre japonais* qui décrit la manière dont on procède dans ce pays éloigné à l'élevage des vers à soie.

Ce livre, écrit en langue japonaise, a d'abord été traduit en français par l'interprète de la légation française au Japon ; puis cette version, traduite elle-même en italien, par M. Isidore DELL'ORO, a été envoyée en manuscrit par ce dernier à son frère pour être imprimée à Milan.

Sur la recommandation de M. Isidore Dell'Oro, un exemplaire de cette brochure en italien a été adressé à la Société d'agriculture de Saint-Marcellin, à laquelle il avait fourni lui-même les cartons demandés par M. Brenier de Montmorand.

M. le président de la Société d'agriculture de Saint-Marcellin a fait traduire en français cette brochure par M. Pécoul, professeur au collège de notre ville.

M. J. Vagnon, imprimeur à St-Marcellin, en fait en ce moment une édition à ses frais. La Société d'agriculture en achètera un exemplaire pour chacun de ses membres. Ceux qui ne font pas partie de la Société pourront se procurer cet ouvrage chez M. Vagnon, éditeur, au prix de 1 fr. à St-Marcellin, et 1 fr. 20 rendu franco par la poste.

Les éducateurs verront dans cet ouvrage de combien de soins intelligents les Japonais entourent l'éducation de leurs précieuses races de vers à soie. Nous serions trop heureux si cet exemple pouvait être imité en France par nos éducateurs trop négligents.

Du VERNAY aîné,
Président de la Société d'agriculture.

DE L'ÉDUCATION

DES VERS A SOIE

AU JAPON.

DE L'ÉDUCATION

DES VERS A SOIE

AU JAPON

Ouvrage traduit du texte japonais de Ouekaki-Morikouni, par Mermet de Cachon, premier interprète de la légation de France au Japon, reproduit en italien sur la version française par Isidore Dell'Oro,

SUIVI DES

OBSERVATIONS

SUR

La culture du ver à soie au Japon. — La manière de faire la graine d'après le système japonais, et de distinguer les races annuelles des polivoltines, faites et recueillies sur les lieux par Isidore Dell'Oro, dédiées en signe de profond respect à S. E. M. Léon Roches, ministre plénipotentiaire de France au Japon.

———

Traduit de l'italien par L.-N. Pécoul,
Professeur au Collège de St-Marcellin.

Prix : **1 franc.**

SAINT-MARCELLIN (Isère),

J. VAGNON, IMPRIMEUR-ÉDITEUR.

—

1866.

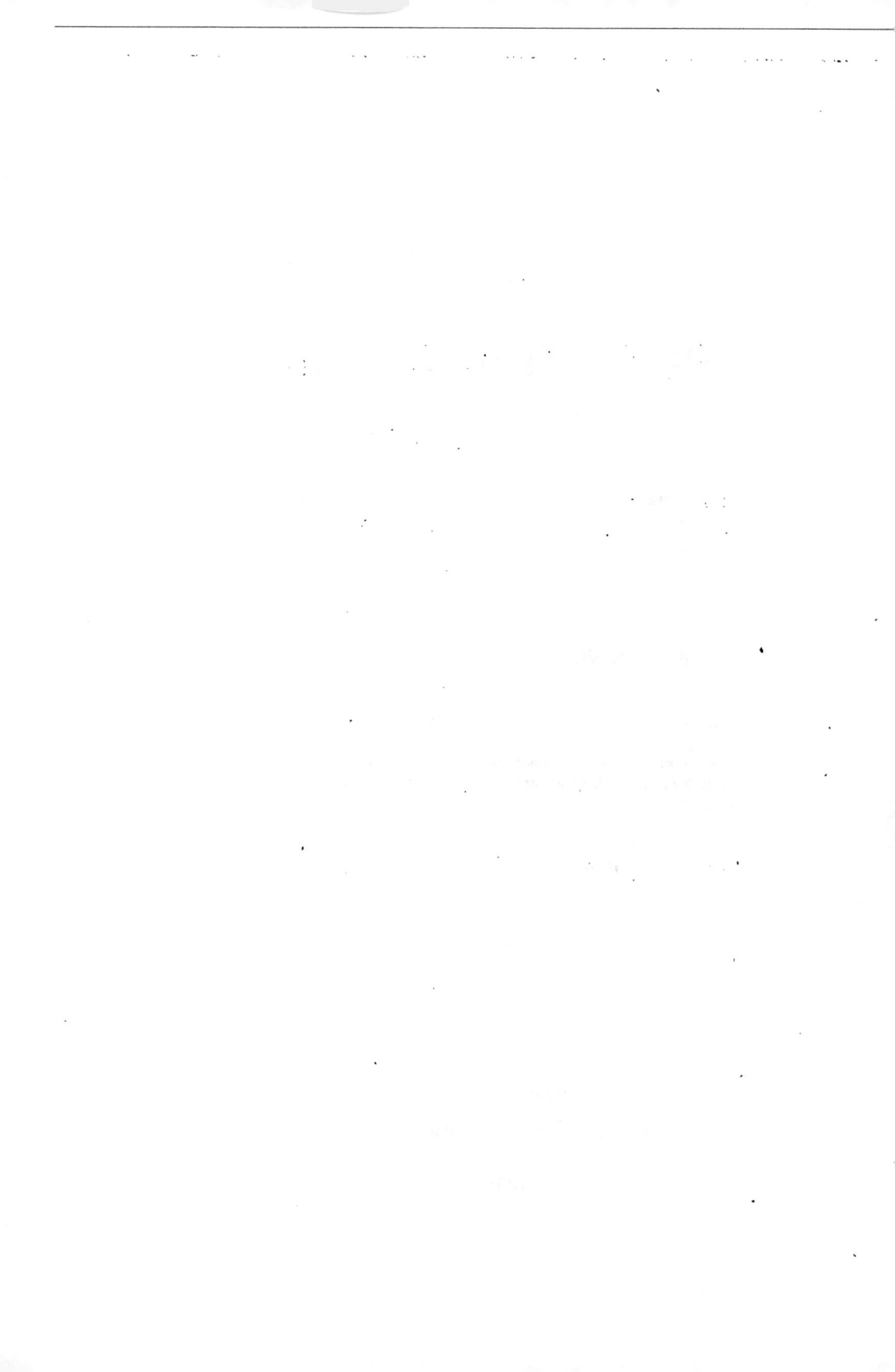

PRÉFACE.

En entreprenant ce faible, travail j'ai voulu rendre hommage à la fermeté et à la loyauté de Son Excellence M. Léon Roches, ministre plénipotentiaire de France au Japon, parce que, si le commerce des graines de vers à soie est entièrement libre, on le doit à ses instances incessantes auprès du Gouvernement Japonais.

En lui offrant cette dédicace, qu'il a bien voulu accepter, j'ai eu pour but de lui témoigner quelque gratitude pour la protection puissante qu'il a généreusement accordée à tous les Italiens résidant ou de passage au Japon, et pour laquelle je ne trouve pas de paroles qui expriment d'une manière satisfaisante la reconnaissance que je sens que je lui dois ainsi que bien d'autres.

Yokohama, 1ᵉʳ octobre 1865.

ISIDORE DELL'ORO.

DE L'ÉDUCATION
DES VERS A SOIE
AU JAPON.

Du ver à soie.

Le ver à soie qu'on élève le plus généralement au Japon est celui de quatre mues, c'est-à-dire qui dort et se lève quatre fois; cette espèce de ver a le nom d'*Acuchen* (ver blanc).

De la naissance à la montée, il emploie de 37 à 40 jours, au bout desquels il s'enveloppe dans un cocon qui pour la forme ressemble assez au caractère ⌒, la première lettre de l'alphabet japonais.

Il y a, en outre, des vers rayés de noir; d'autres appelés *kin-ko* (enfants d'or), à cause du cocon jaune qu'ils produisent.

Une variété de la première espèce à cocon blanc est celle des vers d'*été*. Les vers blancs d'été filent leurs coques 30 jours après la naissance, mais le tissu en est léger, et le fil assez faible. 10 jours plus tard, le papillon - chenille s'échappe, et cette chenille donne la graine d'été.

Les cocons, provenant de la graine de vers blancs, sont plus ou moins oblongs ou ronds, ou même anguleux ou acuminés. Le ver, après avoir filé son cocon, se transforme en chrysalide, et puis sort sous forme de papillon.

Cette transformation a lieu en 17 ou 18 jours, et vers les 8 heures du matin. Le mâle bat des ailes, la femelle reste étendue et tranquille ; après quelques moments, commence l'accouplement, lequel continue jusque vers les deux heures de l'après-midi, instant auquel on les sépare. On jette le mâle, on laisse la femelle se débarrasser de son humeur ; ensuite on la met sur le carton pour qu'elle y dépose ses œufs, enduits d'une colle particulière qui les fait adhérer au carton lui-même. Une femelle dépose de 240 à 350 œufs, et meurt 2 ou 3 jours après, et le mâle 4 ou 5 jours après.

Lorsqu'on considère attentivement toutes les espèces de vers élevés en Chine et au Japon, on peut s'émerveiller et de leur nombre et de leurs variétés ; aujourd'hui, le blanc est le plus commun. Tous les vers en général se nourrissent de feuille d'arbre et font un cocon. Dans tous les pays, le ver à soie produit un fil très-fin, avec lequel on tisse les plus précieuses étoffes. C'est pourquoi il importe plus que jamais de connaître et de pratiquer les meilleures méthodes d'éducation pour ce précieux insecte ; ainsi, c'est avec le plus grand soin qu'il faut choisir les meilleurs moyens pour élever le ver à soie.

On lit dans un livre assez ancien, que dans l'Inde centrale vivait un roi nommé *Pein-Y-Vaï-Od*. Ce prince eut de la reine sa femme une belle enfant surnommée *aux cheveux d'or*. La reine étant morte, le roi prit une nouvelle épouse. Celle-ci ne pouvait supporter *Kodzichi*, la fille du roi. A force de la calomnier auprès de son père, elle parvint enfin à la faire reléguer dans le sein de montagnes affreuses. Mais la jeune fille exilée, visiblement protégée du ciel, re-

tourna chez son père, montée sur un superbe lion.
Elle fut ensuite envoyée dans un désert plus horrible
que le premier, où, pendant plusieurs années, elle fut
nourrie par des aigles, qui lui apportaient tous les
jours une grande variété de sauvagines. L'un des
officiers du roi, ayant découvert ce fait merveilleux,
ramena la jeune fille dans la capitale ; mais la reine-
mère, plus irritée que jamais, la fit reléguer dans une
île sauvage, habitée par les bêtes les plus féroces. La
belle princesse fut secourue par des pêcheurs qui la
ramenèrent au palais. La reine, transportée de rage et
de colère, fit creuser un puits profond au milieu de la
cour, et y fit jeter sa malheureuse victime. Mais voici
qu'une brillante lumière sortait de cette tombe, et le
roi s'empressa de faire rechercher dans ce lieu, et la
jeune princesse en sortit plus belle que jamais. Alors
la reine trouva le moyen de faire préparer une frêle
nacelle, construite en bois de mûrier, et abandonna
à la merci des flots l'infortunée jeune fille. Le vent,
plus compatissant que la cruelle reine, poussa le frêle
esquif sur les côtes de *Hahitaschi*, dont les habitants
reçurent la princesse comme une divinité tutélaire. Elle
mourut au milieu d'eux, entourée de soins et d'amour.
Son âme fut changée en ver à soie. C'est de cette
princesse qu'est venu l'usage d'appeler la 1re mue du
ver le *sommeil* et *la levée du lion* ; la 2e, *le repos* et
la levée de l'aigle ; la 3e, *le repos du navire* ; la 4e,
le rayon brillant.

De l'examen de la graine.

La graine bien réussie a un aspect uniforme, parce
que, déposée régulièrement, elle a au milieu une saillie,

ce qui indique la vigueur du papillon lorsqu'il la dépose. Elle est inodore et se détache difficilement du carton.

Lorsqu'on veut obtenir de la bonne graine, il faut avoir soin de n'employer que des papillons vraiment bons ; d'ailleurs il est toujours facile de les reconnaître. Sans doute, la couleur de la graine dépend beaucoup de la nature du pays, du climat, de la qualité du mûrier, de la couleur du terrain, etc., etc. Ainsi, par exemple, la terre rouge communique au mûrier des propriétés qui donnent au ver une teinte rouge.

Des précautions à prendre pour l'éclosion de la graine.

Dès que l'équinoxe du printemps est venu, on doit exposer au soleil (1) la graine qu'on veut faire éclore à cette époque. L'air doit circuler librement dans le lieu choisi pour cette exposition et qui veut être surtout garanti du passage des rats. Il faut choisir de préférence un local élevé, puis il est sans doute nécessaire de tenir compte du retard des saisons. On suspend, par le milieu des fils, les cartons qui doivent être changés tous les jours, c'est-à-dire que les cartons de dessus doivent être placés dessous, et vice versâ, parce que, quand même il n'y aurait que deux cartons superposés, il y a entre eux une différence sensible de température ; celui qui est dessous se colore en vert et éclôt plus vite. Il faut tâcher d'obtenir une éclosion simultanée. En général, la graine ne produit les petits

_____

(1) Je pense que cela veut dire la sortir du local frais et l'exposer au jour, au grand air.

vers qu'au bout de 88 jours, ou environ (1). Si la saison est en retard (2), il faudra chercher la plus belle exposition au soleil, ou même réchauffer la graine dans son sein, ou l'entourer de draps ou de linges, ou même encore la mettre auprès du feu. Gardez-vous cependant de précipiter l'éclosion par des moyens violents ; elle doit être naturelle et graduée. Lorsque toute la graine à peu près aura pris une couleur verdâtre, on choisira le moment le plus chaud de la journée pour l'exposer, et l'on aura soin de l'envelopper dans 5 ou 6 feuilles de papier qu'on garantit en y mettant dessus du coton, des objets légers et doux. Il sera bon de l'enfermer dans une boîte de cuir, ou même dans un panier, ou simplement dans une natte de paille quelconque et de la placer dans un lieu légèrement chauffé. Cette opération terminée, l'enveloppe des cartons doit être ouverte deux ou trois fois par jour, afin de déployer la graine et de renouveler l'air ; ensuite, on les replie et on les renferme, comme nous l'avons dit ci-dessus. Il faut dès lors éviter l'air humide. Si le temps est humide ou pluvieux, allumez du feu, avec du bois de pin ou de mûrier préférablement. Evitez surtout de fumer dans le voisinage des cartons, la manipulation seule même du tabac est funeste. Toutes les fois que vous aurez à toucher la graine, ayez soin de vous laver les mains, ou même l'instrument dont vous vous servirez, et de le bien essuyer.

(1) L'année japonaise commençant le 26 janvier, le 88ᵉ jour est le 24 avril.

(2) Ce qui suit fait penser que les Japonais n'ont pas de thermomètre.

Manière de nourrir les jeunes vers avec le furubé,
ou fruit du mûrier.

A sa naissance, le jeune ver est généralement nourri de feuilles de mûrier ; dans le cas néanmoins où le printemps serait tardif, à défaut de feuille, la fleur pourra servir (1), et si celle-ci manque, on aura recours au *furubé*, le fruit du mûrier de l'année précédente qu'on aura conservé. On aura eu soin de recueillir ce fruit avant sa maturité et précisément à l'époque où le germe est encore impropre à la reproduction.

Pour détacher le petit ver du carton, il faudra se bien laver les mains, et après les avoir bien essuyées prendre les feuilles de mûrier qui ne doivent pas être humides de rosée, les couper en petits morceaux, ensuite en répandre sur un carton cinq ou six *go*, mesure de capacité de 15 centimètres de profondeur et de 10 centmètres de côté. S'il n'y avait que la moitié de la graine d'éclose, on réduirait ce chiffre à 3 go, observant cette proportion selon la quantité des vers éclos. Il serait opportun de passer à travers un crible ou tamis les feuilles coupées et destinées aux jeunes vers. On ouvrira les cartons vers l'heure de midi, et sur le fond d'un récipient quelconque on jettera du son de riz, sur lequel on étendra quelques feuilles de papier, et sur ces feuilles, on sèmera le furubé ou les feuilles tendres coupées par petits morceaux. Le lit des vers étant ainsi préparé, on prendra le carton par l'extrémité, et à l'aide de deux petits bâtons on battra

---

(1) Nous pensons que l'auteur veut parler des fleurs de certain mûrier mâle qui paraît avant la feuille.

l'envers du carton, pour faire tomber le ver sur le papier préparé pour le recevoir (1). Si les petits vers ont mangé à midi, il faut renouveler la feuille vers le soir.

Quant aux vers éclos le soir, on ne diffère pas jusqu'au lendemain de les faire manger ; autrement, ils en pâtiraient certainement. Il est indispensable de leur donner à manger presque immédiatement. Gardez-vous de faire usage de plumes, et détachez avec la plus grande précaution ceux qui adhéreront davantage au carton. Faites en sorte que les vers ne soient pas trop pressés. Les vers provenant d'un carton devront occuper un espace de 5 pieds carrés (2). Vous n'emploierez jamais assez de récipients. Faites que les vers ne se trouvent pas en contact. Lorsque les vers seront d'abord nourris avec du furubé, il faudra leur donner à manger 2 ou 3 fois par jour. Sans doute, on doit tenir compte de la température. Il faudra les exposer dans un lieu suffisamment chaud et sec et chercher à avoir une température uniforme, les rafraîchir si la chaleur est excessive, et les réchauffer si le froid survenait.

Si à l'éclosion des vers la feuille est prête, on les en nourrira immédiatement. Nous avons dit qu'il est bon de passer au crible les feuilles coupées. Il est inutile d'ajouter que ce crible doit être à mailles toujours plus grandes, à mesure que le ver croît en âge et en grosseur. Il est impossible d'entrer ici dans tous les détails ; c'est à chaque éducateur à prendre conseil

(1) Ils tomberont facilement avec le lit de feuilles qui a été préalablement mis sur le carton.

(2) Nous pensons trois pieds de côté ou un mètre carré.

des circonstances. Il est indispensable de séparer deux fois par jour les jeunes vers avec 2 petits bâtons. Le moment qui précède la première mue est le plus critique. Il faudra avoir soin de tenir bien sec les petits vers afin que la moisissure ne les attaque pas dans les lits de leur première mue. Pour éviter l'humidité, il faut ensuite chaque jour, avant de leur donner la feuille de mûrier, avoir soin de bien les séparer avec de petites baguettes, et d'étendre la feuille le plus uniformément possible. Si le temps était humide et durait plusieurs jours, de sorte que le côté inférieur vînt à s'imprégner d'humidité, il conviendrait de saupoudrer légèrement les petits vers avec du son de riz et de leur donner à manger aussitôt après. Cette précaution a pour but d'éviter que le jeune ver s'altère trop ; enfin, les soins dont on doit entourer les jeunes vers, les 4 ou 5 premiers jours, sont infinis ; si on les néglige, le septième ou le huitième jour le ver sera atteint de maladies désastreuses. Lorsque, dans le premier jour de l'éclosion, le vent du nord vient à souffler, le ver refuse de manger et ne tarde pas à mourir. Un excès de chaleur n'est pas moins pernicieux ; il faut donc les garantir du vent de tout côté, les déposer au besoin dans une cavité, éviter surtout de fermer et d'ouvrir les portes trop brusquement, et surveiller avec soin l'état de l'atmosphère. Presque toutes les maladies qui affligent les vers proviennent d'un vice d'éducation. L'ignorance de l'éducateur est presque l'unique cause des échecs qu'il subit. Observez donc attentivement le temps, la chaleur, le lieu. Lorsqu'on tiendra bien compte de toutes les circonstances, on trouvera que les soins à donner aux vers doivent varier d'une maison à l'autre. Que les tables

sur lesquelles vous déposerez vos cartons soient faites
avec du bois bien sec.

De quelle manière on peut nourrir le ver à soie
avec les bourgeons du mûrier.

Lorsque, par suite d'un retard de saison, l'éclosion
de la graine a précédé la végétation des bourgeons du
mûrier, il est nécessaire de recourir à la fleur du mûrier, pour nourrir le jeune ver, mais on ne doit pas oublier que ce n'est qu'en cas de nécessité. Le ver nourri
avec de la feuille croît plus vite ; celui au contraire
qui est nourri pendant plusieurs jours avec du furubé
devient rougeâtre, maigre et tardif dans son développement.

Il serait bien au commencement d'ôter les côtes des
feuilles et de ne couper que le parenchyme que vous
ferez passer par un crible à mailles assez serrées, et,
comme nous le disons plus haut, vous donnerez cinq
ou six go de ces feuilles aux vers provenant d'un
carton, ayant soin de bien les distribuer uniformément
sur le papier.

Les vers noirs ont une grande propension à monter
sur les feuilles et à s'y attacher ; il faut les détacher
doucement avec de petites baguettes, et, comme nous
l'avons déjà dit, les déposer sur le papier placé sur le
lit de son qui couvre le fond du récipient. Les vers,
comme nous l'avons dit, doivent occuper un espace
de 3 pieds carrés et n'être pas trop rapprochés. Quant
aux vers qui adhèrent plus fortement aux cartons,
on doit les détacher de la manière indiquée plus haut.
Le nombre des récipients ne peut jamais être trop
grand, parce qu'il faut avant tout que les vers ne

soient pas trop entassés. Ce n'est que le 5ᵉ ou le 6ᵉ jour que vous serez à même de juger de la qualité du ver. Cette qualité dépendra de diverses circonstances, mais surtout de la manière dont les vers auront été nourris, de la température plus ou moins bonne dans l'intérieur de votre maison. La moindre négligence dans l'éducation du ver nuira à la qualité du produit, qui ne donnera que des résultats peu satisfaisants.

La température changeant nécessairement avec le climat, il faut avoir soin, dans les pays froids, de produire une chaleur artificielle, et dans les pays chauds, au contraire, vous devez chercher à créer une température plus fraîche. N'oubliez pas d'éclaircir chaque jour les vers et d'empêcher qu'ils ne s'agglomèrent ; faites-le au moyen de petits bâtons, avant de leur donner la feuille.

Dans les temps pluvieux, ayez soin de les mettre dans un local élevé, afin de les garantir autant que possible de l'humidité.

En résumé, nous dirons qu'à partir du second jour de l'éclosion, il faut écarter deux ou trois fois par jour les petits vers au moyen de petits bâtons et empêcher avec soin qu'ils ne s'entassent. Le 4ᵉ et le 5ᵉ jour, vous pourrez vous servir d'une plume ou d'un petit pinceau ; pour cette opération, il sera aussi très-utile de placer les petits vers dans un autre récipient, préparé comme nous l'avons décrit.

A partir du 6ᵉ jour jusqu'au dernier, le ver commence à devenir blanc. Avant d'aller plus loin, je ferai remarquer que pour l'éducation d'un seul carton de graine, il faut employer 5 ou 6 sacs de son. Avant l'éclosion, on réduit ce son en poudre au moyen d'une meule ; ce son devra être placé dans une première

enveloppe, ensuite dans une autre à mailles plus serrées, qui ne laissera passer qu'une poussière qu'on
jettera comme inutile.

Lorsqu'on voudra procéder au changement des vers,
on aura soin, avant de leur donner la feuille de mûrier, de les saupoudrer avec ce son, assez légèrement
et d'une manière uniforme, et de leur donner immédiatement à manger. On comprend d'ailleurs qu'un
excès de cette poussière étoufferait les vers et les
rendrait incapables de se mouvoir.

Après que les jeunes vers auront mangé, procédez
encore une fois à leur déplacement ; pour cela, in-
clinez le panier ou récipient où ils sont, et au moyen
d'une plume, faites en sorte de les *rouler*, autant
qu'il est nécessaire, afin de contraindre les vers du
milieu à venir vers les bords et ceux des bords à venir au milieu. La raison de ce déplacement est de rétablir l'équilibre de la température des vers, température qui varie du centre vers les bords, peu sans
doute, mais cependant assez pour les empêcher, sans
cette précaution, de croître d'une manière uniforme.
Soyez persuadés que cette poussière de riz, employée
sèche et avec intelligence, donnera à vos vers une
vigueur et une apparence dont vous serez vous-mêmes
émerveillés.

Si pour les nourrir, vous employez le furubé, vous
ne les changerez qu'après leur avoir donné trois fois
de ce fruit. Si vous les nourrissez de feuille, vous
pouvez les changer après leur avoir donné à manger
deux fois seulement.

Vous pouvez toujours, depuis la première mue jusqu'à la dernière, employer le son pour ce changement.

2

Il ne faut pas assurément oublier que le temps le plus critique pour les vers est depuis 10 heures du soir jusqu'à 8 heures du matin, et cela à cause de la fraîcheur de l'air ; il sera donc nécessaire, selon la saison, d'allumer un peu de feu durant cet intervalle. N'oubliez pas, néanmoins, qu'un excès de chaleur serait aussi fatal aux vers que le froid. Bien des personnes, imbues de vieux préjugés, s'imaginent que la chaleur du foyer est fatale aux vers ; c'est une erreur qui certainement ne peut avoir sa source que dans l'abus que certains éducateurs ont fait de la chaleur excessive du foyer. Ayez soin de bien boucher les crevasses et les fentes, par lesquelles les vents coulis pourraient s'introduire. Evitez, par conséquent, d'ouvrir trop souvent les portes. A partir du 7ᵉ ou du 8ᵉ jour jusqu'au 15ᵉ ou 16ᵉ, l'éducateur ne devra pas abandonner ses vers un seul instant, il devra plutôt les soigner avec la plus grande attention. A cette époque, il y a tant d'attention à prendre, tant de périls à éviter, que sa présence est toujours nécessaire.

Soins à prendre afin d'élever uniformément
les vers à soie.

Si dès le principe on ne met pas tous ses soins à donner un espace suffisant aux vers, s'ils s'entassent de manière à former une masse noire, leur développement sera inégal, et beaucoup périront ou deviendront impuissants à filer leur cocon. Ceux qui ne savent pas distribuer la nourriture d'une manière uniforme, commettent certainement une grave erreur et n'obtiendront jamais de bons résultats. Si, au contraire, vous observez bien toutes les prescriptions que nous indiquons, il est impossible que vos vers ne produisent pas des cocons superbes. Le ver à soie est d'une nature extrêmement délicate, incapable de se nourrir lui-même, il se meut difficilement et demande à être élevé avec la plus grande attention. Il faut le traiter avec égard et avec une délicatesse extrême. Il y en a de forts, il y en a de faibles. Si donc l'éducateur ne leur laisse pas un espace suffisant, les vers vigoureux monteront sur les plus faibles et empêcheront ces derniers de pouvoir se nourrir ; et lors même qu'ils parviendraient à se nourrir, ils ne pourraient que recueillir les restes des feuilles menues et flétries et finiraient par mourir de faim. C'est donc un point de la plus haute importance, et qui exige toute l'attention intelligente de l'éducateur.

Sans doute, le hasard entre pour quelque chose dans le succès de l'éducation des vers à soie ; mais la première condition de la bonne réussite se trouve dans la bonne qualité de la graine et dans les soins intelligents donnés à l'éducation des vers. On ne doit certainement pas négliger l'influence du climat, mais il sera facile de la diriger avec des moyens et des soins habilement employés. Il en est de l'éducation des vers comme de l'agriculture ; les années d'abondance favorisent également l'agriculteur heureux et celui qui ne l'est pas, à condition que tous les deux apportent à la culture la même application industrieuse. Les années de disette tiennent en partie à une mauvaise culture. Le ciel ne s'en occupe pas, il abandonne le succès à l'industrie de l'homme. C'est par ignorance de ces principes que les hommes fatiguent les dieux de leurs prières, leur attribuent la mauvaise réussite de la graine, et ne savent que jalouser la prospérité de leurs voisins. Sans doute, les dieux peuvent exaucer nos prières, mais si nous opérons contrairement au bon sens, ils sont impuissants et ne pourraient nous sauver. Si nous savions prendre conseil d'un homme habile et de notre industrie, nous n'éviterions certainement pas les mauvaises années, mais nous aurions au moins toujours une convenable récolte.

A ce propos, que le lecteur me pardonne le court récit suivant :

Convaincus des avantages qui proviennent de l'éducation du ver à soie, les magistrats d'un certain pays ordonnèrent à leurs paysans de faire de grandes plantations de mûriers, et introduisirent l'éducation de l'insecte sérigène. Et comme ils ignoraient complètement les méthodes en usage pour cela, ils firent venir des provinces orientales un livre qui traitait de la matière, et en répandirent le plus possible la connaissance. Mais, quelque diligence que missent ces bonnes gens à suivre exactement les prescriptions du livre, ils n'obtinrent aucun résultat 7 à 8 ans de suite ; ils en conclurent que leur pays n'était pas propre à cette culture, et se mirent de désespoir à arracher leurs mûriers.

Le hasard voulut qu'un voyageur étranger vînt à passer par là ; il demanda la cause d'une si étrange résolution, et l'un des habitants lui donna l'explication suivante :

Il y a quelques années, par ordre de nos gouverneurs, nous entreprîmes l'éducation du ver à soie. Comme nous ignorions complètement toute pratique à suivre, nous fîmes venir des provinces orientales un livre où était écrit ce qui suit :

« Quelqu'un du pays de Kwantô, désireux de faire une expérience sur les vers, prit au printemps et le même jour trois cartons couverts de graines, et plaça le premier dans un lieu chaud au second étage de sa maison, le second dans une chambre moins chaude, le troisième enfin dans une autre bien plus fraîche. Les premiers, grâce à la chaleur, avancèrent de 5 ou 6 jours plus que les autres ; les seconds prirent également une belle appparence, quoique d'un plus lent développement ; les derniers crûrent plus inégalement et furent de plusieurs jours en retard.

« Reste à savoir lequel des trois cartons donna le meilleur résultat et par conséquent lequel des trois systèmes est le meilleur à suivre.

« Les vers élevés à la chaleur, au 2ᵉ étage, tombèrent malades à partir de la seconde crise et réussirent très-mal ; les vers tenus au rez-de-chaussée et près de la porte se développèrent inégalement et ne donnèrent guère plus de satisfaction que les premiers ; seuls, les vers élevés au frais acquirent plus et plus de vigueur, prirent une belle apparence, et enfin donnèrent un produit propre à combler tous les désirs. »

Confiants dans la justesse de ces observations, et y conformant notre pratique, nous avons eu soin de maintenir la fraîcheur dans nos magnaneries en laissant ouvertes toutes les issues ; mais durant la première période, une moitié des vers périssait, et les survivants se montraient affaiblis et malades.

Chaque année donna le même résultat, et occasionna des pertes incalculables ; c'est pourquoi nous sommes convaincus que l'éducation des vers à soie n'est pas de notre climat et de notre pays.

« Vous vous trompez lourdement, répondit l'étranger; vous avez mal compris le sens du mot *frais*. Les habitants des provinces orientales de notre empire qui s'occupent de temps immémorial de l'éducation du ver à soie, construisent des maisons expressément destinées à cela, munies de fenêtres, d'évents et de ventilateurs qu'on peut ouvrir et fermer à volonté, afin d'introduire et de chasser l'air, selon le cas, et prévenir surtout les chaleurs excessives. Quand on parle dans notre livre de *rafraîchir*, il s'agit des maisons de cette espèce.

« Dans les pays orientaux, où la température est d'ordinaire plus élevée que dans l'ouest, on dit qu'il *fait frais*, lorsque néanmoins il fait une chaleur telle qu'on ne peut supporter plus d'un habit de dessus.

« Les modifications de la température doivent donc être réglées suivant la construction des maisons.

« C'est ce dont vous n'avez pas tenu compte comme de raison, et, appliqués à suivre aveuglément vos instructions, vous avez exposé vos vers au *froid*, au lieu de les tenir simplement au *frais*. Voilà pourquoi ces pauvres insectes, incapables de résister au froid dans la première période, alors qu'ils sont plus sensibles, périssaient en grande partie, et que le reste ne faisait que dépérir.

« Les insectes en général, et ceux-ci plus particulièrement, aiment une atmosphère tempérée ; la chaleur redouble évidemment leur vitalité. Mais autant leur est favorable une chaleur modérée, autant leur est funeste une chaleur excessive. Il importe donc de leur donner un juste degré de fraîcheur ; c'est ce que l'expérience seule peut apprendre. C'est pourquoi notre prince et patriarche *Sjôtok-Daïsi* nous a laissé cette recommandation : *Ayez pour vos vers les soins d'une mère pour son enfant.* Puisque depuis les temps les plus reculés le ver à soie prospère dans les autres pays aussi bien qu'au Japon, il est évident que la diversité du sol n'a point du tout d'influence sur lui. »

Ces paysans reçurent avec reconnaissance les conseils de l'étranger, et agirent conformément à ses observations. Depuis lors, une riche récolte leur assure tous les ans une généreuse récompense.

De la manière de disposer les tables pour l'éducation des vers à soie. — Dangers du vent.

La disposition des tables varie suivant les lieux. Il sera utile de se conformer à la manière consacrée par l'expérience. Si la maison est couverte de chaume, on ouvrira une grande fenêtre dans le toit, et on pourra alors ouvrir et fermer les portes à volonté. Dans certaines localités on fait un trou pour y déposer les jeunes vers. Mais je suis loin de recommander cet usage. Il faut absolument éviter un air trop frais ou renouvelé trop brusquement. Une lumière trop vive nuit aussi aux vers ; qu'on se garde surtout de les déposer sur la terre nue, qui est trop dure et généralement imprégnée d'humidité. Les nattes, quelque grossières qu'elles soient, sont préférables.

De quelle manière on doit régler l'air dans l'intérieur d'une maison.

A peine les vers sont-ils éclos, qu'on doit étudier avec soin la température de la maison, et chercher ce juste milieu dont nous avons parlé. Ayez soin princi-

palement de les protéger contre les vents du Nord.
Si le vent souffle, ouvrez les portes du côté opposé.
Dans le cas où le vent serait trop chaud, ouvrez de
tous côtés et rafraîchissez les appartements. Générale-
lement, dans tous les pays séricicoles, l'éclosion a lieu
dans la nuit du 88ᵉ jour du printemps. Dans les cli-
mats plus froids, l'éclosion peut être retardée jusqu'au
milieu du 5ᵉ mois. Dans l'été, il faut faire attention
aux différences de température et à l'état de l'atmosphère. L'homme tient compte de cette différence dans
sa manière de se vêtir. La température qui convient
aux vers est cette température moyenne qui ne nous
fait sentir ni chaud ni froid. Surtout, ne fermez pas
votre porte, parce que votre voisin ferme la sienne ;
ne l'ouvrez pas, parce qu'il plait à quelqu'un d'ouvrir
la sienne, car la température n'est pas la même dans
toutes les maisons. Remarquez seulement si la température de votre maison est précisément celle qui convient à votre organisation et conformez-vous en tout
aux règles que nous vous prescrivons.

De la première mue ou sommeil
du lion.

Huit jours environ après l'éclosion, le ver cesse de
manger et blanchit quelque peu : sa tête grossit ;
alors commence pour lui le *sommeil du lion.* N'oubliez pas alors d'enlever les lits ; seulement, dans la
nuit qui devra précéder cette opération, ayez soin
d'employer le son fin dont nous avons parlé, avant de
donner à manger aux vers. Il est superflu de répéter
ici que des feuilles de mûrier bien coupées doivent
être données aux vers immédiatement. Par ce moyen,

vous forcerez le ver à se lever et à monter sur la feuille ;
faites de même, quand vous leur donnerez à manger
une 2ᵉ et une 3ᵉ fois. N'oubliez pas alors de mettre
en pratique le conseil que nous vous avons donné plus
haut, de déplacer les vers de manière à mettre au
bord ceux qui sont au milieu *et vice versâ*, et de changer l'ordre de placement sur les tables, c'est-à-dire de
mettre au bas les corbeilles qui étaient sur les tables
supérieures, et d'élever celles qui étaient placées sur
les tables inférieures. Nous avons dit que cette mesure
avait pour but de rétablir l'équilibre de la température,
et de rendre uniforme le développement et la croissance des vers.

Retournons enfin au titre de notre chapitre. A peine
vous apercevez-vous que le ver est sur le point de
s'endormir, donnez-lui de la feuille à profusion, 7 ou
8 fois par jour ; il faut que le ver s'endorme sous un
lit épais de feuille. N'oubliez pas que cette profusion
de feuille a une grande influence sur le réveil des
vers, qui sera plus égal et plus prompt.

Aussitôt que vous serez convaincus que les vers
endormis ont changé de peau et cherchent à venir
dessus, cessez immédiatement de leur donner de la
feuille ; vous aurez alors à combattre un grand danger ; il y aura des vers plus lents à muer. Si donc
vous jetez des feuilles de mûrier sur la corbeille pour
nourrir les vers plus précoces, ce sera au grand détriment des vers qui dorment encore ; d'un autre
côté, les vers à peine réveillés sont avides de nourriture et ne pourraient rester à jeun sans danger.
Cette grave difficulté revient à chaque mue, et de sa
solution dépend en grande partie le salut, ainsi que le
développement uniforme des vers. C'est pourquoi on

a récemment inventé une espèce de filet destiné à parer à cette difficulté. Voici la manière de s'en servir : on étend ce filet au-dessus des vers, et sur le filet on répand les feuilles de mûrier. Les vers précoces, avides de manger, pénètrent par les mailles et en quelques minutes se portent sur le filet où ils se mettent à dévorer les feuilles, sans troubler les autres qui n'ont pas encore mué. Dès qu'on verra tous les vers plus précoces disposés sur le filet, on aura soin de le retirer doucement, en le prenant par les quatre coins, et de le mettre dans un lieu parfaitement sec.

Quant aux vers plus lents, on les placera dans un lieu plus élevé et plus chaud, afin de hâter la mue, sans cependant la précipiter. Soyez persuadés qu'avec cet excellent procédé, peu répandu encore, vous obtiendrez des vers d'une force et d'une égalité uniformes. Dans les pays où ce procédé n'est pas encore connu, on y supplée en prenant les vers précoces avec de petites branches de mûrier et en les déposant sur les feuilles ; mais ce travail ne pourrait se faire qu'au détriment du temps de l'éducateur et de la santé du ver lui-même, dont la délicatesse à cette époque est extrême.

Fiez-vous à mon expérience ; si dans le *sommeil du lion* et dans celui de *l'aigle* vous faites usage du filet, vos vers auront une toute autre apparence à l'époque des deux dernières mues, dites le *repos du navire* et le *rayon brillant*.

En terminant, nous répétons le conseil que nous avons donné de tenir les vers éclaircis autant que possible. Si vous ne leur donnez que peu d'espace, le cocon sera faible, ainsi que le fil, et la soie de qualité très-douteuse.

De la seconde mue ou sommeil
de l'aigle.

Avant la seconde mue, ayez soin de déplacer les vers tous les 2 jours ; vous pourrez couper les feuilles un peu plus gros et les passer à un tamis à mailles d'un demi-pouce d'ouverture. N'oubliez pas de les étendre avec la plus grande uniformité, comme nous l'avons recommandé plus haut.

Dans les temps de pluie, la moisissure s'attache facilement aux vers ; il faut alors avoir recours au son de riz dont nous avons déjà parlé et les en saupoudrer immédiatement ; il faudra leur donner immédiatement après de la feuille.

Dans la seconde mue, comme à la première, on leur donnera de la feuille à profusion ; seulement, comme nous l'avons dit, on aura soin de séparer les vers qui se lèvent les premiers au moyen du filet, dont il a été question, et, à son défaut, au moyen de petites branches de mûrier, ou de brins de paille.

Les vers trop lents à se réveiller seront placés dans un lieu un peu plus élevé, pour hâter leur réveil. A cet effet, il faudra continuer à les recouvrir de feuilles, tandis qu'avec les vers plus précoces on devra ménager la mesure, et leur donner moins souvent.

De la 3ᵉ mue ou repos du navire.

L'éducateur se comportera à la troisième mue comme à la seconde, observant néanmoins que les feuilles pourront être servies un peu plus grandes. Les précautions à prendre pour la température sont toutes encore nécessaires, et les soins doivent être les mêmes.

De quelle manière on évite le froid.

L'histoire raconte que jadis, à l'époque de l'éclosion
des vers, il y eut de grands froids, accompagnés de
neige, de grêle, de vents glacés, etc, etc., qui firent
périr un grand nombre de vers en tous pays. Mais
en un certain lieu, un paysan intelligent fit une vaste
tente en papier en forme de cousinière, sous laquelle
il mit les tables de ses vers à soie. Pendant la nuit,
toute la famille dormait sous cette espèce de grand rideau, et y maintenait une douce température. Un feu
de braise était toujours prêt à élever la température,
selon le besoin. Pendant le jour, le rideau était re-
plié. Des paravents, placés de distance en distance,
arrêtaient le vent. Enfin, à force de soins, le paysan
obtint une récolte qui surpassa tout ce qu'on avait
jamais vu, tandis que ses voisins virent périr leurs
vers et furent ruinés.

De quelle manière on gouverne les vers adultes
pendant une longue pluie.

Souvent, à l'époque de la troisième crise ou mue,
surviennent des pluies continuelles, accompagnées de
grands vents froids, qui attristent la saison et mena-
cent la bonne marche des vers. Un habile éducateur
pourvoyait à cela de la manière suivante. Il faisait du
feu en trois différents endroits de la maison, et par là
un air sec et sain circulait partout où étaient les vers.
Il en résulta qu'aucun de ses vers ne tomba malade
par suite d'humidité, et qu'il obtint la plus belle récolte du voisinage.

Comment on préserve les vers d'une chaleur
excessive.

L'histoire raconte aussi qu'une année, avant la
quatrième mue, il fit une chaleur excessive. Dans un
village, vivait un vieillard très-habile et de beaucoup
d'expérience. Il imagina d'ouvrir toutes les portes et
de suspendre de tous les côtés des claies en roseau de
l'Inde, qui arrêtaient en quelque sorte le courant
d'air chaud et conservaient aux vers un admirable
équilibre de température.

Une autre fois, une chaleur excessive se fit sentir
immédiatement après la quatrième mue, au point
d'incommoder l'organisation humaine elle-même. Un
éducateur eut l'idée de rafraîchir ses vers au moyen
d'éventails immenses. Cet exemple fut imité par ses
voisins qui eurent eux aussi une récolte étonnante de
cocons, tandis que les villages voisins n'obtenaient
aucun résultat. Ces exemples ne doivent pas être
oubliés.

De la quatrième mue ou rayon brillant.

Les soins dus aux vers dans cette période diffèrent
un peu de ceux que nous avons indiqués. On devra
leur donner de la feuille en plus grande abondance et
coupée plus grande à mesure que s'accroît la consom-
mation, et à l'encontre de ce qui s'est pratiqué avant,
on introduira la chaleur solaire de tous les côtés. Ce
sont les chaleurs excessives qu'il faut éviter à tout
prix ; ayez soin surtout qu'aucun rayon du soleil cou-
chant ne pénètre dans la magnanerie. Un excès de

chaleur ou d'humidité occasionne aux vers la maladie appelée la *transparence*.

Dès que les vers seront levés, on leur donnera à manger, comme nous l'avons dit, mais qu'on ait bien soin de choisir les meilleures feuilles, parce que de la qualité de la feuille que le ver mange à cette époque dépend la qualité du cocon et finalement celle du fil de la soie. Le ver alimenté avec soin donnera un cocon fort, un fil épais et de belle couleur. Vous ne pourrez donc jamais mettre trop de soin à bien nourrir vos vers à cette époque.

Je prie le lecteur de prendre note de l'importante observation qui suit :

Dans le cas où la chaleur serait excessive, il faudrait donner aux vers de la feuille en quantité, parce que la chaleur excite l'appétit du ver qui mange alors beaucoup plus. On s'étonne quelquefois de n'obtenir que des cocons petits et peu fournis et un fil de misérable apparence ; cela vient de ce qu'on n'a pas assez tenu compte du fait indiqué ici.

Manières de disposer les vers à filer leur cocon.

Le ver, arrivé à maturité et sur le point de filer son cocon, cherche instinctivement un lieu écarté où il s'enferme pour commencer son travail. La manière de subvenir à cet instinct varie suivant les lieux et les moyens disponibles.

Les habitants du *Moutschou* replient les nattes de manière à former tout autour un bord élevé de six centimètres, et dans cette enceinte, avec de petites baguettes de bambou recourbé, construisent une espèce de charpente de toit à trois angles. Ces maisonnettes

se placent les unes à côté des autres ; après avoir re-
cueilli les vers prêts à filer, on les y replace promple-
ment, et puis on les porte en lieu plus haut et plus
sec et modérément chauffé.

Dans les provinces de *Tanla*, de *Tango* et de *Tat-
sima*, on fait des fagots de sarments et de branchage,
qu'on place les uns auprès des autres sur les nattes
des tables. Après, les vers y pénètrent ou y grimpent
à leur gré. Quelques-uns, dès que les vers sont mon-
tés, transportent ces fagots en lieu plus chaud et plus
sec, et les placent de suite, laissant les vers y attacher
leur cocon. Trois jours après, on fait l'inspection des
fagots, on les sépare, on les met en plein air, afin
de sécher les cocons humides.

Dans le pays de *Omi* où l'on se sert de tables sus-
pendues, on y étend des nattes de bambous entrelacés,
et après que les vers prêts à filer se sont mis dans de
petites bottes de paille, placées les unes à côté des
autres dans les claies, on laisse les vers accomplir
leur travail.

Dans les provinces de *Kwantô* (orientales), on enferme les tables pleines de vers dans des bordures de
bois de sapin, longues de six pieds et larges de trois,
on y étend dessus une espèce de filet ou treillis de
bambou, recouvert de nattes très-fines. Quand commence le travail du ver, on forme sur cet appareil un
entrelacement de cordes légères, on remplit les inters-
tices de branchages, et les vers qui veulent faire leur
cocon s'y placent.

Dans le pays de *Sinano* et dans d'autres contrées
septentrionales, on a introduit beaucoup de change-
ments tant dans ce procédé que dans la construction
des tables et des ustensiles.

Il est bon que chacun suive la méthode locale qu'une longue expérience a démontrée plus avantageuse.

Comme le ver, dès qu'il se dispose à filer, cesse de manger, il devient plus facilement malade ; il faut donc se hâter d'autant plus de le transporter au lieu préparé pour qu'il file son cocon.

Gardez-vous de mettre les vers trop près les uns des autres, pour beaucoup de raisons, mais surtout parce que l'humeur qui découle de leur corps pourrait humecter les cocons des plus rapprochés et en rendre le fil moins beau et plus faible.

Le travail du ver dure de cinq à six jours, après lesquels on détache les cocons, et on les recueille dans des corbeilles, des paniers ou autres semblables récipients. Le 7e ou le 8e jour, on les expose aux rayons perpendiculaires du soleil pour dessécher la chrysalide à l'intérieur et l'empêcher de sortir.

Si le ciel était couvert, ou le temps pluvieux, il conviendrait de placer les cocons dans une caisse et de les exposer à la vapeur d'eau bouillante, pour tuer les chrysalides.

De tout ce que nous avons dit jusqu'ici, on peut se faire une idée des soins indicibles et des peines infinies qu'exige l'éducation des vers à soie, et voir comment toute erreur que l'on commet fait disparaître le fruit d'un si grand travail, comme l'écume dans l'eau.

Il est nécessaire que l'éducateur se persuade et se mette bien dans l'esprit que la plupart des désastres proviennent de l'ignorance ou d'une négligence impardonnable.

De la manière de filer le cocon.

Une fois que le cocon est fait, on peut le filer le septième jour pour en extraire la soie. Cette nouvelle opération se fait de bien des manières, variables selon les pays. En *Chine*, on se sert d'un petit fourneau de six pouces de diamètre.

Dans notre province d'*Oschio*, la fileuse tient de la main gauche une espèce de petit fourneau où elle fait bouillir de l'eau ; quand l'eau bout, elle prend deux ou trois poignées de cocons qu'elle agite avec de de petits bâtons. Ensuite, elle prend un nombre de fils suffisant pour former le fil qu'elle désire obtenir.

Dans certaines localités, on forme avec du crin de cheval, ou même avec des cheveux de femme, de petits anneaux qu'on attache au bord du fourneau et à travers lesquels on fait passer les fils de soie, afin d'égaliser le fil.

Pour faciliter le travail et obtenir un fil plus rond, on emploie un métier ou cylindre rond. La forme de ce métier varie à l'infini selon les différentes localités.

Les préparations ultérieures à faire subir au fil sont aussi très-diverses. Il sera bien de se conformer à l'usage du pays.

De quelle manière on peut reconnaître la bonne ou la mauvaise qualité des vers, et leurs maladies.

S'il arrive qu'après la seconde mue beaucoup de vers périssent, on en inférera qu'ils sont restés exposés à des coups d'air trop directs et trop violents. De même si, à cette époque, vous les voyez dégoûtés de manger, vous pourrez croire qu'ils ont souffert de chaleur ou de froid.

Les vers qui ne savent pas rester à leur place, montrent par là qu'ils sont malades, car l'inquiétude est un signe de souffrance.

Qu'on ait soin de tenir les portes bien fermées contre la fureur des tempêtes. La santé du ver ne s'en ressent pas peu.

Enfin, les maladies des vers sont si nombreuses, et proviennent de tant de causes, qu'il est impossible de les indiquer toutes en détail.

Sans doute, il faut mettre beaucoup de soin dans le choix de la graine, mais rien ne saurait suppléer à l'attention assidue qu'exige l'éducation du ver.

Comment on préserve la graine des odeurs funestes, et comment on la conserve

Quand vous aurez de la graine bonne et saine, enfermez-la soigneusement dans un sac de papier, de manière cependant que l'air n'y soit point emprisonné. Mettez-la jusqu'au printemps suivant en lieu suffisamment frais. La graine redoute l'odeur de l'huile, du tabac, du sel, du fer, du thé, du chanvre et de l'alun. Evitez surtout de suspendre aux murs les sacs qui contiennent la graine, de l'envelopper dans des rideaux ou de vieux habits, ou même de la placer de manière que la fumée de la lampe puisse lui nuire. Evitez de l'exposer au soleil ou auprès du foyer où l'on brûle du bois. En général, il faut avant tout éloigner toute mauvaise émanation.

De la manière de laver la graine dans l'eau froide.

Le meilleur préservatif contre le mauvais air, c'est certainement de mettre la graine dans l'eau froide. D'ailleurs, l'eau fraîche fortifie les œufs faibles qui écloraient difficilement. Les œufs de meilleure nature, une fois éclos, résistent mieux aux vents du nord du 5e mois (mois de juin, l'année japonaise commençant environ le 26 de notre mois de janvier). Nous devons ajouter que cette coutume d'immerger la graine dans l'eau fraîche est loin d'être générale. Elle est tout-à-fait simple. Versez de l'eau fraîche dans une cuve, plongez-y les cartons et puis retirez-les bientôt. Cette opération s'exécute à midi et par un beau soleil; ensuite on suspend les cartons sur un bambou pour les faire sécher à l'ombre.

De quelle manière on sème la semence
ou les graines du mûrier.

Le premier soin à prendre, lorsqu'on veut s'adonner à l'éducation du ver à soie, c'est de cultiver le mûrier. On reconnaît le bon mûrier à ses feuilles grandes, rondes, épaisses, brillantes à la surface, à son tronc blanchâtre et droit. On ne doit cependant pas mépriser une autre petite espèce de mûrier qui donne beaucoup de fruits. Nous ne parlerons pas ici du mûrier sauvage qui porte différents noms. Dans la récolte des fruits, n'en choisissez que de bien mûrs et qui ne soient pas trop voisins du tronc. On les ouvre aux deux extrémités pour en extraire les graines. On les lave à grande eau, on prend celles qui descendent au fond de l'eau, on les passe dans les cendres, on les fait sécher un instant, puis on les sème comme du blé dans un lieu préparé d'avance.

Trente jours plus tard commence la germination; arrachez et jetez-en alors beaucoup, afin que les racines de ceux qui restent ne soient pas incommodées pendant leur croissance, et fumez épais ceux que vous avez laissés. Au bout de dix mois le mûrier atteindra une hauteur de trois pieds; ceux qui poussent trop vite et ont des racines rouges, sont de mauvaise qualité; par contre, ceux qui croissent lentement et ont la racine blanche appartiennent à la meilleure espèce. N'oubliez pas, lorsque, au milieu du printemps, les jeunes mûriers seront arrivés à une hauteur de cinq à six pouces, de les tailler et de les transplanter en excellent terrain, sans les enterrer trop profond. Ayez soin de ne conserver que les arbustes parfaitement droits.

De petits insectes s'attacheront de bonne heure aux jeunes feuilles; il est indispensable de les en chasser, autrement les arbustes souffriraient immensément.

De la plantation des mûriers.

Le mûrier, un des quatre arbres dits *principaux*, prospère dans le voisinage des habitations, sur les coteaux, et généralement dans les lieux plus difficiles à travailler avec la charrue et la bêche. Tous les terrains lui conviennent, aussi bien les sablonneux que les argileux; il croît aussi rapidement dans les terres plus légères, pourvu qu'elles soient suffisamment arrosées.

Dans toutes les provinces où, par ordre supérieur, a été introduite l'éducation des vers à soie, on a fait des plantations de mûriers dans des lieux incultes, le long des cours d'eau, au sommet des montagnes, et partout cette culture a produit des avantages incalculables.

On lit dans un livre très-ancien, que l'éducation des vers à soie est une occupation qui convient éminemment à la femme et ne doit pas employer les mains plus viriles de l'homme. C'est une occupation peu fatiguante, très-lucrative, et qui ne peut qu'apporter aux cultivateurs l'abondance. Les étrangers eux-mêmes commencent à cultiver le mûrier avec succès. Qu'il y a encore de pays avec des terrains incultes ou des bois inutiles ! N'est-il pas déplorable qu'on laisse incultes et improductifs ces terrains qui pourraient produire immensément? Sans doute la culture des vers à soie a ses secrets, dont l'ignorance peut causer de grandes pertes au propriétaire. Ceux qui y sont devenus habiles se sont enrichis bientôt, ont changé des landes arides en belles et orgueilleuses plantations de mûriers et ouvert à leur pays des sources nombreuses de prospérité.

Manière de greffer le mûrier et de le préserver de la gelée blanche.

Lorsque vous avez conservé un mûrier de mauvaise qualité, n'oubliez pas de le greffer l'année suivante, vers le 3e mois (avril). Attendez pour le faire que les premiers bourgeons soient épanouis et que le jeune mûrier soit élevé de terre jusqu'à une certaine hauteur. Taillez alors les branches plus riches en bour-

geons d'une hauteur de 5 à 6 pouces. Il n'est pas
besoin d'expliquer que la jeune branche de greffe doit
être prise sur des arbres parfaitement sains et vigoureux.

Dans cette opération, tenez compte du bon côté et
du revers, c'est-à-dire conservez aux branches leur
orientation primitive. Les arbres tournés vers l'orient
doivent conserver cette inclinaison, et ceux qui regar-
dent l'occident ne doivent pas perdre leur première
position.

Gardez-vous de tomber dans l'erreur de ceux qui
arrosent la coupure où s'opère la greffe. Cette opération est une science à laquelle nous avons consacré
une grande partie de notre vie. Elle est difficile, mais
d'autre part très-importante pour l'agriculture.

Il arrive souvent qu'à l'époque de l'éclosion des
vers à soie survient une gelée blanche fatale aux mûriers. Ceux qui sont à l'ombre, la gelée blanche dis-
paraissant peu à peu, retournent insensiblement à leur
état primitif ; au contraire, ceux qui sont exposés au
soleil, passent subitement à une température élevée
et périssent souvent. Ce qu'il y a de mieux à faire
dans cette triste circonstance, c'est de jeter beaucoup
d'eau sur les mûriers et d'envelopper leurs racines
d'un engrais très-puissant : voilà le seul et unique
moyen de sauver les mûriers dans des années pareilles.

Multiplication du mûrier par rejetons.

On choisit les plus beaux mûriers, et par un beau
jour de printemps de leur troisième année, on les
taille à un pied au-dessus de terre; on arrose d'engrais liquide les bourgeons qui apparaissent sur le

tronc. Le printemps suivant, on replie vers la terre les jets qui en proviennent ; ils doivent être éloignés de 7⁄10 de pied l'un de l'autre. On enlève ensuite tous les yeux ou bourgeons, à la réserve d'un seul, et partout où il y a un œil, on gratte l'écorce avec l'ongle, de manière à faire une petite blessure. Ensuite on recourbe la branche de manière que l'œil unique qui a été laissé se relève après et l'on recouvre de terre bien préparée.

Le 10ᵉ mois de la même année, les branches ainsi enterrées auront jeté des racines aux endroits où étaient les bourgeons et où l'écorce a été blessée par l'ongle. Sans cette blessure, la formation des racines serait plus lente et peu considérable. Au printemps suivant, on déterre les rejetons, on les sépare de la plante-mère, on les transplante comme tout autre arbuste et l'on fume copieusement les racines d'engrais liquide. De cette manière, on obtient d'un seul et même tronc huit nouveaux arbres et même plus.

Manière de délivrer les mûriers des insectes et de les préserver des maladies.

Il arrive souvent qu'au commencement, lorsque les mûriers sont dans leur luxe de végétation, les feuilles prennent une teinte rouge. Cette maladie a divers noms, mais elle est généralement due à la présence d'un insecte auquel les Chinois donnent le nom de *Sasce*. A peine cet insecte a-t-il envahi le mûrier, qu'il faut le chasser par tous les moyens possibles, à l'aide de perches ou de tout autre instrument. On fera bien de répandre aux racines de l'arbre des cendres ou de la suie.

Comment on garantit des rats la graine et le
ver à soie.

Les rats sont extrêmement avides de la graine de
ver à soie. Gardez-vous donc de la placer dans les endroits où ils peuvent venir. Suspendez-la plutôt en
lieu élevé et duquel il ne leur soit pas facile d'appro-
cher. Des nombreux moyens qui existent d'éloigner
ou de détruire la fâcheuse engeance des rats, employez ceux qui vous permettent d'atteindre ce but
plus vite et plus sûrement.

Des odeurs funestes aux vers.

L'odeur du tabac, de la fiente des oiseaux, de
l'huile, du sel, du poisson, de certains arbres tels
que l'arbre à vernis, du noyer, du pin, les exhalai-
sons du fumier sont funestes aux vers. Ayez soin de
fermer les portes, dès que vous vous apercevrez qu'une
odeur désagréable s'élève de quelque endroit. Faites
aussi brûler alors quelque branches d'abricotiers.
Quelques éducateurs ont l'habitude d'arroser les feuilles de mûrier avec leur meilleur *saché*, vin japonais.

Il naît souvent dans la maison un petit insecte qui
est terrible pour les vers et fatal pour l'éducateur ; il
provient surtout des immondices des maisons. On a
donc raison de dire qu'il faut bien nettoyer la maison
avant l'éclosion des vers. S'il vous arrive d'être in-
commodés par cet insecte, prenez un certain nombre
de poissons rouges, que vous mettrez dans le lieu le
plus fréquenté par ces insectes ; attirés par l'odeur
de poisson, ils ne tarderont pas à se jeter dessus.

Eloignez alors doucement ce nid d'insectes et renouvelez le procédé jusqu'à ce qu'il n'en reste plus.

De quelle manière l'éducateur doit orienter sa maison.

Il faut avant tout éviter la chaleur et l'humidité, pratiquer une ouverture au toit pour renouveler l'air doucement, faire ouvrir sa maison au levant et ne mettre que des portes très-petites du côté du midi. Faites en sorte que les portes et les fenêtres puissent s'ouvrir librement. Evitez surtout l'air concentré, l'air chaud et humide du soir. L'éducateur intelligent règle et ménage la fraîcheur au moyen d'écrans. Ne laissez pas les rayons du soleil pénétrer dans l'intérieur de la maison. Que le vent du nord trouve toujours les portes et les fenêtres fermées.

Des divers ustensiles employés pour l'éducation des vers à soie.

L'éducateur intelligent ne manquera pas de préparer durant l'hiver les ustensiles nécessaires à l'éducation des vers. Il n'oubliera rien de ce qui est nécessaire à la bonne tenue des vers, comme de brûler du bois, de la paille, pour combattre l'humidité.

On raconte qu'un niais s'imagina un jour de faire du feu au-dessous du lieu où il avait placé ses vers; ceux-ci périrent presque à l'instant. Là il n'y eut que pure extravagance.

Mais voici une autre anecdote qui prouve les inconvénients de la paresse.

Un ouvrier occupé un jour à semer du riz s'assit au

bord de son champ pour s'entretenir avec un ami. La conversation se prolongea, on parla d'une chose, d'une autre, de la pluie, du beau temps, etc. Finalement, l'ouvrier, après avoir congédié son visiteur, eut à peine le temps de terminer le travail qu'il avait commencé. Quelques jours après il alla visiter son champ et vit, à sa grande surprise, que la graine semée avant l'heure de son entretien avec son ami avait admirablement poussé, tandis que la graine semée après n'avait donné que de rares épis. Cet homme ne devait s'étonner que de sa paresse. Il n'ignorait pas que le riz, plongé dans l'eau avant d'être semé, germe, mais que la semence exposée au soleil deux ou trois heures seulement, se dessèche et est incapable de prendre racine. Le paresseux comprit enfin son erreur, mais trop tard.

On lit dans un autre livre que durant le temps de l'éducation des vers à soie, il faut négliger sa femme, sa propre personne, ses parents, ses amis, et ne pas oublier que c'est un travail très-sérieux, mais qui ne dure que 30 à 40 jours.

Les imbéciles passent leur temps en vains discours, gouvernent leurs vers avec précipitation, n'obtiennent que des résultats mesquins, et ensuite se plaignent de la mauvaise réussite. Imbéciles ! accusez plutôt votre paresse.

OBSERVATIONS

SUR

La culture du ver à soie au Japon. — La manière de faire la graine d'après le système japonais, et de distinguer les races annuelles des polivoltines, faites et recueillies sur les lieux par Isidore DELL'ORO, dédiées en signe de profond respect à S. E. M. Léon ROCHES, ministre plénipotentiaire de France au Japon.

Manière de cultiver le ver à soie au Japon.

Le Japonais a le plus grand soin de ses vers, du jour où ils sont éclos, principalement, jusqu'à ce qu'ils aient franchi les deux premières mues, et même durant les deux dernières, quoique les périls soient moindres, il ne néglige aucune des règles prescrites dans ma traduction. Aussi, je ne m'étendrai pas davantage sur ce point, et je m'en réfère à ma traduction ; seulement, j'essaierai de parler ici un peu plus au long de la quatrième mue et surtout du moment de la montée.

Lorsqu'on a des vers paresseux, qui semblent abasourdis et peu disposés à filer leur cocon, qui viennent sur les bords des tables, où ils périssent ordinairement, le Japonais alors redouble de soins, les prend un à un, et leur mouille la tête avec du *saché*, vin japonais fabriqué avec le riz, ou même avec de l'eau pure. Quelque temps après, le ver vif et frais se dispose à filer son cocon ; sans cela, comme ils l'assurent, il aurait inévitablement péri. J'en ai moi-même fait l'épreuve, ayant cultivé au mois d'avril dernier un peu de graine que je devais à l'obligeance de S. Ex. le Ministre de France. Le Japonais que j'avais chargé expressément de ce soin, s'y employa avec grand empressement et eut toute l'attention possible ; ensuite, au moment de la montée des vers, il redoubla de soins et d'attention, parce que, au dire des Japonais, dans ces moments critiques, on doit négliger même sa propre femme, afin de concentrer tous ses soins sur le précieux insecte qui se dispose à filer son cocon et à couronner ainsi par une bonne fin tant de fatigues.

Manière de faire la graine selon le système japonais.

C'est ce point principalement que je traiterai, car c'est le but de ce modeste travail, et aussi à cause de l'expérience que j'ai acquise sur les lieux mêmes, grâce au ferme appui de S. Ex. M. Roches, le Ministre de France, qui n'a rien négligé pour obtenir l'exportation de la graine. Je parle d'une chose neuve, puisque c'est la première fois, depuis que le Japon a été ouvert aux étrangers, que de la graine a été faite, et plus encore par un Italien, l'Italie n'ayant pas encore de traité de commerce avec le Japon, et les difficultés à surmonter pour vaincre le mauvais vouloir du gouvernement japonais furent telles, qu'il serait trop ennuyeux de vouloir les énumérer toutes. C'est bien le cas de dire : « la patience et la persévérance forment la science des Japonais. » J'ajouterai seulement que ce fut à la suite de ce premier pas que le commerce des cartons fut à la fin déclaré entièrement libre, comme il l'est à présent. Les premiers cocons me furent consignés vers la mi-juin et m'arrivèrent toujours en excellent état, grâce aux précautions que je pris d'avance pour leur transport de l'intérieur, opération assez délicate, puisque les Japonais n'avaient jamais eu en leur vie à transporter des cocons vivants.

Avant tout, je parlerai ici de ce petit ver, dont il est question dans la traduction, que j'ai pu étudier à loisir, et dont il a été tant parlé. C'est un phénomène qui, à ma connaissance, ne se vérifie pas chez nous. Le livre que j'ai traduit dit précisément au commencement du premier volume : « les vers faibles se transforment difficilement ; » il devrait dire : « les vers faibles ne se transforment pas du tout en chrysalide, mais sûrement en ver. » Voici comment la chose s'explique : le ver à soie qui, durant les quatre mues, n'a pas été du tout sain et vigoureux, file bien son cocon, mais n'a pas la force de se transformer en papillon. J'en fis moi-même l'expérience en coupant quelques centaines de cocons, et j'observai que la chrysalide avait une trace noire, et faisant ensuite l'autopsie de la chrysalide elle-même, j'y trouvai un ver vert qui se formait à la place de la trace noire, et je donne à cela le nom de *negrone*. Ce ver de couleur verte sortait du cocon environ dix jours après qu'il avait été filé ; ensuite, peu à peu, dans l'espace de huit jours, il prenait une couleur rougeâtre, ensuite noire, s'enveloppant dans le même temps sous une espèce de peau ; quelque temps après, il en sortait ce qu'on appelle une *camola*, pareille à la nôtre. Ayant acheté quelques centaines de coques percées de toutes les provenances, je dus me convaincre que, même dans l'intérieur, ce ver se rencontre très-souvent, et que, par conséquent, c'est une chose tout-à-fait naturelle au Japon. J'interrogeai sur ce point divers Japonais, et leur demandai d'où provenait ce phénomène de la nature. Les uns me répondirent que cela venait de la feuille mouillée qu'on leur avait donné à manger ; d'autres, au contraire, me dirent que le ver ayant été malade, n'avait pu se transformer en chrysalide, et c'est pour cela qu'au Japon il n'y eut jamais de maladie. Pour moi, je ne sais à laquelle des deux explications je dois donner la préférence, et je laisse la solution à mes bienveillants lecteurs.

Pour mon opération, j'avais employé 180 Japonais, hommes et femmes. Je donnais aux uns jusqu'à 40 itz., soit 100 livres environ par mois ; le moindre salaire était de 12 itz., soit 30 livres. Quelqu'un trouvera ces prix exorbitants, mais on m'a assuré que, même à l'intérieur, ils sont aussi élevés. Ici, je dois dire que je n'ai eu qu'à me louer de la bonne volonté et de l'activité des Japonais. Comme je connais suffisamment la langue, je menai à bonne fin, grâce à l'appui du Ministre de France, cette opération qui me coûta beaucoup de fatigues.

J'avais disposé mes tables pour recevoir les cocons d'après notre système, mais, pour le reste, je suivis entièrement le système japonais, les laissant faire à leur guise, et voici comment ils s'y prenaient.

Avant tout, ils choisissaient les cocons les meilleurs pour la forme et la qualité, avant de les déposer sur les tables ; ensuite, ils étendaient dessus des feuilles de papier percé de trous, afin de pouvoir recueillir plus aisément les papillons, faciliter leur accouplement et rendre le travail plus commode. Ils recueillaient les papillons par huit ou dix, rejetaient les suspects, les déposaient ensuite, pour l'accouplement, sur des feuilles de papier, préparées exprès et appelées du nom d'*ubaricami*, sur lesquelles ils les laissaient jusqu'au *contact*. Ensuite, sans lever la femelle, on rejetait le mâle, on retournait l'ubaricami et on le balançait pendant quelque temps, afin que la femelle déposât sur cette feuille même ses humeurs et se préparât avec plus de vigueur à déposer ses œufs sur les cartons sans les tacher. Je ferai remarquer ici que les Japonais estiment beaucoup ces *ubaricami*, parce qu'ils assurent, et avec raison, qu'ils contiennent la première graine déposée et par conséquent la meilleure. Ils ne laissaient pas les papillons sur les cartons plus de douze à quatorze heures, et ils les jetaient ensuite. Mais la meilleure graine est celle que la femelle dépose les trois ou quatre premières heures ; aussi, met-on à part les cartons de celle-ci. Quant aux cartons étrangers, le Japonais ne les estime nullement, parce qu'il assure que les papillons y sont laissés dessus jusqu'à leur entière extinction, et que pour cela les vers à soie doivent avoir peu de vigueur. Pour simplifier le travail et forcer les papillons à rester sur le carton, mes Japonais avaient formé des cadres sur mesure, dont chacun contenait juste huit cartons; ensuite, j'en avais moi-même couvert les bords avec de la toile, afin que cette graine ne fût pas non plus perdue. Puis, on les laissait autant que possible dans l'obscurité, et si la journée était chaude, on les rafraichissait avec un éventail; c'est ainsi qu'on maintenait les papillons toujours vifs. Je ferai remarquer ici qu'en juin il ne faisait .pas plus chaud que chez nous, dans la Lombardie. Revenant aux cadres, je trouvais l'appareil très-ingénieux et très-utile, ayant le double avantage d'épargner beaucoup de place, parce qu'on les super-pose l'un sur l'autre, et de rendre le travail infiniment plus rapide.

Toute la graine qui se fait au Japon est de la province de *Scinsciu*. *Osciu, Ssicibu, Bosciu* se trouvent dans la province de Scinsciu. Et comme dans les autres parties du Japon, l'on ne fait pas de graine, tous viennent s'approvisionner dans cette province, quoique dans les différentes provinces le cocon soit bien différent. On m'a demandé souvent pourquoi l'on n'envo-yait pas en Italie des cartons des provinces de *Ida* et de *Mai-baschi*, qui devaient être les meilleurs, puisque la soie produite dans ces provinces est vraiment magnifique. C'est peut-être, disait-on, parce que le gouvernement japonais ne permet que l'exportation de l'espèce ordinaire. Rien de plus faux ; c'est parce que, comme je l'ai dit, on ne fait pas de graine dans ces pays. Je le tiens de sources assez sûres pour pouvoir l'affirmer en toute assurance. Par exemple, il y a plusieurs qualités de soie de Maibaschi ; il y a la *Scimonita*, l'*Aunaka*, la *Scinsciu*, la *Haciogi, Maibaschi* et tant d'autres ; mais quelle est la diffé-rence de qualité entre la Scimonita Maibaschi et la Haciogi Mai-baschi : le prix le dit assez, puisque de l'une à l'autre, il y a une différence qui va de cent à cent cinquante livres par sicul, soit de dix à quinze fr. par kilogramme. En outre, la position d'une province est diamétralement opposée à celle de l'autre. La Scimonita est produite au nord, et la Haciogi au sud du Japon. Il est dit enfin, dans ma traduction, que les Japonais emploient les cocons comme remèdes; cela ne se passe pas tout-à-fait ainsi. Ayant eu l'occasion de voir moi-même comme ils font, j'ajouterai qu'au lieu des cocons, ils emploient les papil-lons, c'est-à-dire vingt femelles pour dix mâles, qu'ils laissent

Cet ouvrage se trouve chez les principaux libraires des départements séricicoles.

En adressant 1 fr. 20 c. en timbres-poste à M. J. VAGNON, imprimeur-éditeur, à Saint-Marcellin (Isère), on le recevra *franco* par le plus prochain courrier.

réduire en poudre, et ils se servent de cette poudre pour les blessures, telles que les coups de couteau, etc. Au Japon, il y a assez souvent des rixes qui entraînent la mort de l'un des deux combattants, sans que la justice intervienne.

J'ai été témoin d'un fait arrivé chez moi. Tandis que la femme du chef de mes Japonais maniait des bouteilles de Soda-Water, je ne sais par quel hasard l'une vint à éclater, et un morceau de verre d'une longueur de cinq centimètres environ l'atteignit juste entre l'œil droit et le nez, et sans endommager ni l'un ni l'autre pénétra à une respectable profondeur. Le sang en coulait à flots. Me trouvant là au moment de l'accident, je fis tout pour l'arrêter, mais sans y réussir. Voici que peu après je la vis prendre de cette poudre de papillon qu'elle mit sur la blessure, et par dessus de ce fin papier japonais, dont ils se servent au lieu de toile pour bander une blessure. Ce fut comme un baume, le sang s'arrêta aussitôt. Dans l'intervalle, j'avais fait appeler mon médecin européen, qui non-seulement approuva le spécifique, mais encore en fut extrêmement émerveillé.

Manière de distinguer les annuelles des polivoltines.

La race trivoltine n'est cultivée que dans les seuls districts de *Nagasaki* et d'*Osacca*. J'abuse de la bonté de mes lecteurs en faisant remarquer ici que toutes les villes ou villages au Japon ont un nom dont la signification est conforme à leur situation ou à leur histoire : par exemple, *Nagasaki* signifie *le cap long*, parce que, avant que d'y arriver, on rencontre un long cap ; *Iokohama*, la *plage* ; *Kanagawa*, la *rivière de métal* ; *Iedo*, l'entrée de la rivière ; *Hacodate*, le *piédestal de la boîte* ; *Chioto*, vraie capitale du Japon et résidence du souverain spirituel appelé *Mikado*, veut dire *justice* Dans les autres parties du Japon, on ne parle que des *Harugo* de printemps ou annuels, et des *Harugo* d'été, ou polivoltins.

On distingue facilement les polivoltins des annuels par leur couleur rougeâtre. Toutes les qualités ne sont pas rougeâtres cependant, mais je dis en général : ce qui est sûr, c'est que la graine polivoltine est plus petite, oblongue : elle se détache facilement du carton, elle est assez propre, luisante, s'écrase assez facilement et n'a pas *l'incavature* régulière. Au contraire, la vraie annuelle est grosse, ronde, sale, se détache difficilement du carton, ne s'écrase pas avec facilité et a enfin son incavature régulière au milieu. J'ai fait cette expérience quand elle était encore fraîche, et je crois pour cela qu'une fois en Italie et reposée, elle sera plus facile à reconnaître.

Enfin, je ferai remarquer que les Japonais font peu de cas de la qualité verte, et estiment beaucoup la blanche, dont la culture exige beaucoup plus de soins. Cette année, à cause de la grande demande de la qualité verte, les Japonais ont bien pensé à teindre en vert la blanche polivoltine et à la vendre comme verte. Mais voici un moyen sûr pour s'assurer vite du fait, parce que je ne doute pas que cet infâme commerce ne se reproduise en Italie, et ne fasse ses victimes de nos pauvres fermiers. Prenez un morceau de toile blanche, mouillez la graine avec de la salive, si vous voulez, et puis passez-y dessus la toile quatre ou cinq fois. Si, quand vous la retirez, vous la trouvez tachée de vert, alors il est hors de doute que la graine a été teinte ; si, au contraire, le linge reste blanc, soyez sûrs que votre graine est véritablement la verte.

Cette année, en Italie, il y aura beaucoup de fraudes, parce que la quantité de graine polivoltine exportée est vraiment fabuleuse, et je ne crois pas me tromper en estimant à un million le nombre de cartons polivoltins exportés.

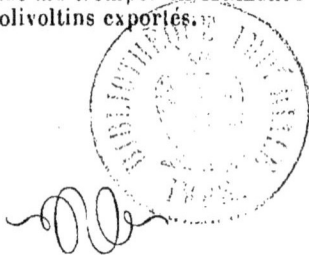

ERRATUM. — Page 12, avant-dernière ligne, au lieu de : Nous pensons que l'auteur veut parler *des fleurs*, lisez : *de la fleur*.